Abdelhafid Mimouni

Sulfureto de hidrogénio: Riscos de deposição em aterro

Abdelhafid Mimouni

Sulfureto de hidrogénio: Riscos de deposição em aterro

Imprint

Any brand names and product names mentioned in this book are subject to trademark, brand or patent protection and are trademarks or registered trademarks of their respective holders. The use of brand names, product names, common names, trade names, product descriptions etc. even without a particular marking in this work is in no way to be construed to mean that such names may be regarded as unrestricted in respect of trademark and brand protection legislation and could thus be used by anyone.

Cover image: www.ingimage.com

This book is a translation from the original published under ISBN 978-620-6-72109-3.

Publisher:
Sciencia Scripts
is a trademark of
Dodo Books Indian Ocean Ltd. and OmniScriptum S.R.L publishing group

120 High Road, East Finchley, London, N2 9ED, United Kingdom
Str. Armeneasca 28/1, office 1, Chisinau MD-2012, Republic of Moldova, Europe
Printed at: see last page
ISBN: 978-620-8-05740-4

SULFURETO DE HIDROGÉNIO: RISCOS DE ATERROS SANITÁRIOS

AUTOR

Dr. Abdelhafid Mimouni

Investigador independente em química bioinorgânica, o Dr. Mimouni é especialista em síntese e caraterização macromolecular. Obteve o seu doutoramento em Química na Universidade de Paris XII em 1997, após um Diplôme des Études Approfondies em Sistemas Bioinorgânicos na Universidade de Paris XI em 1993, onde também obteve a sua Licenciatura e Mestrado em Química.

RESUMO

Este livro destaca os perigos dos produtos químicos tóxicos, com especial incidência no sulfureto de hidrogénio (HS2), um gás nocivo frequentemente emitido pelos aterros sanitários. Explora a gestão de resíduos, os processos de degradação e a libertação de toxinas como o HS2 no ambiente. Através de uma análise dos lixiviados, este livro mostra como estes fluidos contaminam o solo e as águas subterrâneas, afectando seriamente a saúde pública. O texto aborda ainda os efeitos agudos e crónicos da exposição à SH2, as patologias associadas e a importância de medidas de segurança adequadas para os trabalhadores dos aterros. Em conclusão, propõe políticas reforçadas e técnicas inovadoras para uma gestão sustentável dos resíduos, com o objetivo de reduzir os riscos associados às substâncias tóxicas e proteger a saúde humana e ambiental.

RESUMO

INTRODUÇÃO

Contexto e objectivos do livro

A gestão de resíduos é um dos desafios ambientais mais prementes do nosso tempo. Embora os resíduos sejam uma consequência inevitável da atividade humana, a sua gestão inadequada pode conduzir a riscos graves para a saúde pública e o ambiente. Este livro tem como objetivo fazer soar o alarme sobre a toxicidade dos produtos químicos libertados pelos resíduos, em especial os armazenados em aterros públicos. O objetivo é sensibilizar o público, os decisores e os profissionais da gestão de resíduos para os perigos insidiosos que estas substâncias podem representar para as pessoas que vivem perto de aterros sanitários. O livro explora não só a toxicidade das substâncias químicas, mas também a sua estrutura, a sua dose letal e os mecanismos pelos quais contaminam o solo e as águas subterrâneas. Ao expor os riscos para a saúde associados à má gestão dos resíduos, este livro apela a uma consciencialização colectiva e a acções concretas para proteger as comunidades vulneráveis.

Panorama dos resíduos e dos aterros sanitários

Os resíduos provêm de muitas fontes: domésticas, industriais, agrícolas e comerciais. Cada uma destas fontes gera tipos distintos de resíduos, com composições químicas diferentes e impactos ambientais específicos. Os aterros, muitas vezes vistos como soluções temporárias, tornaram-se depósitos permanentes para uma grande quantidade de resíduos. de resíduos. Embora regulamentados, estes locais são por vezes fontes de poluição devido à libertação de substâncias tóxicas ao longo do tempo. Este livro começa com uma visão geral dos diferentes tipos de resíduos e das suas fontes. Em seguida, analisa o funcionamento dos aterros, os processos de degradação dos materiais e a forma como estes processos podem conduzir à libertação de compostos químicos perigosos. Ao fornecer uma perspetiva clara sobre estas questões, esta introdução lança as bases para uma exploração mais aprofundada dos riscos e das medidas necessárias para os mitigar nos capítulos seguintes.

CAPÍTULO 1
PRODUTOS QUÍMICOS TÓXICOS

Estrutura química e toxicidade

Os produtos químicos tóxicos estão omnipresentes no nosso ambiente, provenientes de uma variedade de fontes, como actividades industriais, produtos domésticos e resíduos agrícolas. A sua perigosidade está frequentemente associada à sua estrutura química, que determina a forma como interagem com os sistemas biológicos. Estes compostos incluem substâncias orgânicas e inorgânicas, cada uma com mecanismos tóxicos específicos. Por exemplo, o benzeno, um hidrocarboneto aromático muito utilizado como solvente industrial, tem uma estrutura anelar que favorece a sua absorção pelas membranas celulares. Uma vez no organismo, o benzeno pode provocar mutações genéticas ao interferir com o ADN, podendo conduzir ao cancro. Outro exemplo é o chumbo, um metal pesado cuja toxicidade resulta da sua capacidade de substituir o cálcio nos ossos e nas células nervosas, perturbando assim uma série de funções biológicas. A análise da estrutura química destas substâncias revela grupos funcionais específicos responsáveis pela sua reatividade e toxicidade. Os hidrocarbonetos halogenados, por exemplo, possuem ligações carbono-halogénio que tornam estes compostos resistentes à degradação biológica, aumentando a sua persistência no ambiente e o seu potencial tóxico.

Dose Letal (LD50) e Mecanismos de Ação

A dose letal 50 (DL50) é uma medida crucial para avaliar a toxicidade de uma substância química. Corresponde à dose necessária para matar 50% dos indivíduos numa população de teste, geralmente animais de laboratório. Esta medida é frequentemente expressa em miligramas de substância por quilograma de peso corporal (mg/kg). Os mecanismos de ação dos produtos químicos tóxicos variam em função da sua natureza química. Por exemplo, o cianeto de sódio (NaCN) é um inibidor enzimático que actua bloqueando a citocromo c oxidase, uma enzima essencial no processo de respiração celular. Ao inibir esta enzima, o cianeto impede as células de produzirem ATP, provocando uma morte celular rápida e, em doses elevadas, a morte do indivíduo.

Outro exemplo é o mercúrio (Hg), que é particularmente tóxico na sua forma orgânica, o metilmercúrio. Este composto atravessa facilmente a barreira hemato-encefálica, onde perturba o funcionamento do sistema nervoso central, conduzindo a danos neurológicos irreversíveis. A toxicidade do mercúrio é também exacerbada pela sua acumulação na cadeia alimentar, afectando gravemente as populações humanas que consomem regularmente peixe contaminado.

Fontes e origens dos produtos químicos

Os produtos químicos tóxicos provêm de uma vasta gama de fontes, que podem ser divididas em três grandes categorias: industriais, domésticas e agrícolas.

1. **A indústria**: As actividades industriais são uma das principais fontes de produtos químicos tóxicos. As refinarias de petróleo, as fábricas de produtos químicos e as indústrias transformadoras libertam uma grande variedade de substâncias tóxicas para o ambiente. Estas emissões podem assumir a forma de resíduos sólidos, efluentes líquidos ou descargas gasosas. Os compostos orgânicos voláteis (COV), as dioxinas e os metais pesados, como o mercúrio e o chumbo, são alguns exemplos comuns.

2. **Produtos domésticos**: Nas nossas casas, muitos produtos domésticos comuns contêm químicos potencialmente tóxicos. Os produtos de limpeza, as tintas, os solventes e até alguns cosméticos podem conter substâncias perigosas como o amoníaco, o formaldeído e os ftalatos. A exposição a estes produtos, mesmo em pequenas quantidades, pode causar irritação, alergias e outros efeitos adversos para a saúde.

3. **Agricultura**: O sector agrícola é também uma importante fonte de produtos químicos tóxicos, sobretudo através da utilização de pesticidas, herbicidas e fungicidas. Estes produtos são concebidos para matar ou repelir as pragas, mas também podem ter efeitos tóxicos para os seres humanos, especialmente quando contaminam o solo e as águas subterrâneas. O DDT, embora atualmente proibido em muitos países, é um exemplo histórico de um pesticida altamente tóxico que teve efeitos devastadores no ambiente e na saúde humana.

CAPÍTULO 2
PRODUTOS QUÍMICOS TÓXICOS; O CASO DO SULFURETO DE HIDROGÉNIO

Estrutura química e toxicidade

O sulfureto de hidrogénio (H2S) é um gás incolor, inflamável e com um odor caraterístico a ovo podre em baixas concentrações. A sua estrutura química simples, constituída por dois átomos de hidrogénio ligados a um átomo de enxofre, facilita a sua difusão no ar e apresenta riscos potenciais em várias condições ambientais. O H2S é formado naturalmente pela decomposição anaeróbica da matéria orgânica e é também emitido por fontes industriais, como refinarias de petróleo, estações de tratamento de águas residuais e aterros sanitários. Nestes ambientes, o H2S pode acumular-se até atingir níveis tóxicos, representando um perigo significativo para a saúde humana.

A toxicidade do H2S resulta da sua interação com os sistemas enzimáticos celulares. Inibe a citocromo c oxidase, uma enzima chave na cadeia respiratória mitocondrial, um mecanismo de ação semelhante ao do cianeto. Esta inibição impede a produção de ATP, conduzindo a hipoxia celular e, em concentrações elevadas, a uma rápida falência dos órgãos. A exposição aguda ao H2S pode causar irritação ocular e do trato respiratório, dores de cabeça, náuseas e, em casos extremos, morte por asfixia em poucos minutos.

O H2S é particularmente perigoso porque pode dessensibilizar rapidamente os receptores olfactivos. Como resultado, as pessoas expostas podem não detetar o seu odor após uma breve exposição inicial, aumentando o risco de sobre-exposição. inalação acidental. Concentrações acima de 100 ppm são imediatamente perigosas para a vida e a saúde (IDLH), e concentrações de 300 ppm podem ser fatais em poucas respirações.

Dose Letal (LD50) e Mecanismos de Ação

A dose letal 50 (LD50) de sulfureto de hidrogénio varia consoante a espécie e a via de exposição. Nos ratos, a DL50 por inalação é de aproximadamente 444 ppm durante quatro horas, o que reflecte a elevada toxicidade do H2S em concentrações relativamente baixas. O principal mecanismo de ação do H2S é a inibição da citocromo c oxidase nas mitocôndrias. Esta enzima é essencial para a transferência de electrões na cadeia respiratória, um processo vital para a produção de ATP. Ao bloquear esta enzima, o H2S provoca a paragem imediata da respiração celular, a acumulação de lactato, a acidose metabólica e, por fim, a morte celular. Esta ação rápida explica por que razão os acidentes com H2S podem ser súbitos e fatais.

O H2S penetra facilmente nas membranas celulares, atingindo rapidamente os alvos intracelulares. Além disso, a sua capacidade de dessensibilizar os receptores olfactivos humanos torna-o particularmente perigoso, uma vez que os indivíduos podem não se aperceber da sua presença após a exposição inicial.

Fontes e origens do sulfureto de hidrogénio

O sulfureto de hidrogénio é produzido por processos naturais e artificiais:

1. **Fontes naturais**: O H2S é gerado pela decomposição anaeróbica da matéria orgânica em pântanos, zonas húmidas e sedimentos marinhos, e está presente em gases vulcânicos e fontes termais. Embora estas fontes sejam importantes, são geralmente localizadas e menos susceptíveis de representar um risco para as populações humanas.

2. **Fontes antropogénicas**: As actividades humanas são uma fonte importante de H2S, particularmente nos sectores industriais. As refinarias de petróleo, as fábricas de pasta de papel e de papel e as estações de tratamento de águas residuais emitem concentrações elevadas de H2S. Nos aterros sanitários públicos, o H2S é libertado durante a degradação anaeróbia dos resíduos orgânicos, atingindo níveis perigosos em áreas mal ventiladas.

3. **Utilização laboratorial e industrial**: O H2S é utilizado em certas aplicações industriais, como a produção de enxofre elementar ou de compostos de enxofre, e em laboratório, em processos de síntese química. O seu manuseamento exige precauções rigorosas devido à sua elevada toxicidade.

CAPÍTULO 3
ATERROS SANITÁRIOS E SUA GESTÃO

Exploração do aterro

Os aterros sanitários são instalações onde são depositados vários tipos de resíduos, desde os resíduos domésticos aos resíduos industriais e agrícolas. A sua gestão envolve várias fases destinadas a minimizar o impacto ambiental e sanitário dos resíduos depositados.

1. **Recolha e transporte de resíduos**: Os resíduos são recolhidos de várias fontes, incluindo casas, indústrias, estabelecimentos comerciais e explorações agrícolas. São depois transportados para aterros sanitários, frequentemente situados na periferia das zonas urbanas.

2. **Classificação e tratamento dos resíduos**: À chegada ao local, os resíduos podem ser classificados em diferentes categorias: orgânicos, inorgânicos, tóxicos, recicláveis, etc. Os materiais recicláveis são geralmente separados e enviados para centros de reciclagem. Os materiais recicláveis são geralmente separados e enviados para centros de reciclagem, enquanto os resíduos orgânicos e inorgânicos são depositados em aterro.

3. **Métodos de deposição em aterro**: Os resíduos não recicláveis são geralmente enterrados em células específicas, cobertas com camadas de solo para limitar a dispersão de poluentes. Os aterros modernos estão frequentemente equipados com sistemas de drenagem para recolher lixiviados, líquidos potencialmente tóxicos resultantes da infiltração de água através dos resíduos.

4. **Controlo e gestão dos gases**: Os aterros sanitários produzem gases em resultado da degradação anaeróbia dos resíduos orgânicos. Estes gases incluem o metano (CH4), o dióxido de carbono (CO2) e o sulfureto de hidrogénio (H2S). Os aterros devem estar equipados com sistemas de recolha e tratamento de gases para evitar a sua libertação para a atmosfera.

O Processo de Degradação e Libertação de Produtos Químicos

Os resíduos depositados em aterros são submetidos a processos de degradação que podem levar à libertação de substâncias químicas potencialmente tóxicas, incluindo o sulfureto de hidrogénio (H2S).

1. **Degradação anaeróbia dos resíduos orgânicos**: Os resíduos orgânicos, tais como restos de comida, resíduos agrícolas e outras matérias biológicas, são degradados por microrganismos na ausência de oxigénio. Este processo de fermentação produz gases como o metano e o sulfureto de hidrogénio, sendo este último particularmente preocupante devido à sua elevada toxicidade.

2. **Formação de lixiviados**: Quando a água (chuva, infiltração) passa através de camadas de resíduos, fica carregada de substâncias dissolvidas e forma o chamado lixiviado. Este líquido pode conter uma variedade de produtos químicos tóxicos, incluindo metais pesados, compostos orgânicos voláteis e gases dissolvidos, como o H2S. Se os sistemas de drenagem e tratamento de lixiviados não forem corretamente instalados ou mantidos, estas substâncias podem contaminar o solo e as águas subterrâneas, constituindo um grande

risco para a saúde pública.

3. **Libertação e dispersão de gases tóxicos**: O H2S, como produto da degradação anaeróbia, pode ser libertado dos aterros, especialmente em áreas onde os sistemas de captura de gases são ineficazes ou inexistentes. Devido à sua elevada toxicidade, mesmo em baixas concentrações, a presença de H2S no ar ambiente constitui um perigo grave para as pessoas que vivem perto de aterros sanitários. Os efeitos da exposição crónica incluem problemas respiratórios, dores de cabeça, irritação ocular e, em casos extremos, perda de consciência ou morte.

4. **Impacto das condições ambientais**: As condições ambientais, como a temperatura, a humidade e a presença de matéria orgânica, influenciam a taxa de degradação dos resíduos e a quantidade de gases e lixiviados produzidos. Por exemplo, um aterro localizado numa região quente e húmida poderá produzir mais H2S do que um aterro localizado numa região fria e seca.

CAPÍTULO 4
LEACHATES: COMPOSIÇÃO E IMPACTO

Composição química dos lixiviados

Os lixiviados são líquidos altamente poluentes que se formam quando a água atravessa os resíduos acumulados nos aterros sanitários. Este processo resulta na dissolução e recolha de vários compostos químicos, alguns dos quais extremamente tóxicos para o ambiente e para a saúde humana. A composição química dos lixiviados é complexa e variável, dependendo da natureza dos resíduos, das condições climatéricas e da gestão do aterro.

1. Metais pesados

Os lixiviados contêm frequentemente metais pesados como o chumbo, o mercúrio, o cádmio e o arsénio. Estes metais provêm principalmente de resíduos electrónicos, pilhas e outros produtos industriais. Os metais pesados são particularmente preocupantes devido à sua persistência no ambiente e à sua capacidade de se acumularem nos organismos vivos, causando efeitos tóxicos graves como o cancro, perturbações neurológicas e disfunções renais.

2. Compostos orgânicos voláteis (COV)

Os compostos orgânicos voláteis, como o benzeno, o tolueno e o xileno, estão normalmente presentes nos lixiviados. Estas substâncias, derivadas de produtos petrolíferos, solventes industriais e resíduos domésticos, são conhecidas pelas suas propriedades cancerígenas e efeitos nocivos no sistema respiratório.

3. Sulfureto de hidrogénio (H2S)

O sulfureto de hidrogénio (H2S) é um gás tóxico que também pode ser encontrado dissolvido em lixiviados. Este composto provém principalmente da degradação anaeróbia da matéria orgânica, como os resíduos alimentares e agrícolas, presente nos aterros sanitários. O H2S é extremamente perigoso, mesmo em baixas concentrações, e pode causar danos respiratórios graves, irritação ocular e, em casos extremos, a exposição prolongada pode ser fatal.

4. Nutrientes

Os lixiviados contêm frequentemente concentrações elevadas de nutrientes, como nitratos e fosfatos, derivados de resíduos alimentares e fertilizantes. Embora estes elementos sejam essenciais à vida, o seu excesso pode levar à eutrofização das massas de água, resultando em graves desequilíbrios ecológicos.

5. Agentes patogénicos

Para além dos contaminantes químicos, os lixiviados podem conter agentes patogénicos como bactérias, vírus e parasitas provenientes de resíduos orgânicos e médicos. Estes microrganismos podem contaminar o solo e a água, constituindo um risco para a saúde humana e animal.

Mecanismos de contaminação do solo e das águas subterrâneas

Os lixiviados são uma fonte importante de poluição do solo e das águas subterrâneas. Os mecanismos de contaminação estão principalmente ligados à infiltração destes líquidos tóxicos através das camadas de solo sob os aterros sanitários.

1. Infiltração e dispersão

Quando os lixiviados se infiltram no solo, podem transportar consigo uma multiplicidade de contaminantes, que são depois dispersos nas camadas inferiores do solo. Este processo pode levar a uma poluição generalizada, afectando não só as áreas imediatas em redor dos aterros, mas também regiões mais distantes, dependendo da geologia local e dos movimentos das águas subterrâneas.

2. Migração de águas subterrâneas

As águas subterrâneas são particularmente vulneráveis à contaminação por lixiviados. Os aquíferos, que fornecem água potável a muitas populações, podem ser gravemente afectados. Os metais pesados, os COV, o H2S e outras toxinas presentes nos lixiviados podem penetrar nos aquíferos, tornando a água imprópria para consumo e colocando em risco a saúde pública.

3. Acumulação na cadeia alimentar

Os contaminantes presentes nos lixiviados podem acumular-se nos solos e depois ser absorvidos pelas plantas, entrando na cadeia alimentar. Os metais pesados, em particular, podem ser absorvidos pelas culturas, expondo as populações humanas e animais aos riscos associados ao consumo de produtos contaminados.

Estudos de caso

1. Love Canal, Nova Iorque, Estados Unidos

Um dos casos mais famosos de contaminação por lixiviados é o de Love Canal, uma zona residencial construída num antigo aterro químico. Na década de 1970, milhares de toneladas de resíduos foram despejadas nesta área. Substâncias tóxicas, incluindo metais pesados e compostos orgânicos voláteis, começaram a infiltrar-se no solo e nas águas subterrâneas, levando a uma crise de saúde pública. Os residentes sofreram de uma série de problemas de saúde, incluindo cancro, defeitos congénitos e doenças crónicas. O incidente levou à evacuação dos residentes e à criação do programa Superfund nos Estados Unidos para a limpeza de sítios contaminados.

2. Aterro de Lekwena, África do Sul

Na África do Sul, o aterro sanitário de Lekwena também colocou graves problemas ambientais. Os lixiviados ricos em H2S e outros compostos tóxicos contaminaram as águas subterrâneas, afectando as aldeias vizinhas. Os residentes relataram casos frequentes de doenças respiratórias, dores de cabeça e outros sintomas relacionados com a exposição ao H2S. A contaminação também afectou a agricultura local, comprometendo as colheitas e as fontes de água.

3. Depósito da ToxiCo, Itália

Em Itália, a lixeira ToxiCo, um aterro ilegal, libertou no ambiente quantidades maciças de lixiviados contendo metais pesados e H2S. Os lixiviados penetraram nos aquíferos locais, provocando a contaminação generalizada das reservas de água potável. Os residentes locais sofreram graves problemas de saúde, incluindo doenças cardiovasculares e respiratórias. Este caso realçou a importância de uma regulamentação e monitorização rigorosas dos aterros sanitários.

CAPÍTULO 5
EFEITOS NA SAÚDE PÚBLICA

Toxicidade aguda e crónica

A exposição a substâncias químicas tóxicas, como as presentes nos lixiviados dos aterros, pode causar uma série de efeitos na saúde, desde toxicidade aguda a doenças crónicas graves. A toxicidade aguda ocorre geralmente imediatamente ou pouco tempo após a exposição a uma concentração elevada de uma substância tóxica. Os sintomas comuns incluem náuseas, vómitos, dores de cabeça, irritação da pele e das vias respiratórias e, em casos graves, perda de consciência ou morte. Por exemplo, a inalação de sulfureto de hidrogénio (HS2) pode causar dificuldades respiratórias, perda rápida de consciência e, em concentrações elevadas, a morte. A toxicidade crónica, por outro lado, resulta da exposição prolongada a doses baixas de substâncias tóxicas, frequentemente durante muitos anos. Os efeitos podem incluir cancro, doenças cardiovasculares, perturbações neurológicas e disfunção renal. O SH2, mesmo em níveis baixos, pode causar problemas respiratórios crónicos, irritação persistente dos olhos e efeitos no sistema nervoso central.

Doenças relacionadas com a exposição

A exposição a produtos químicos tóxicos presentes nos lixiviados, particularmente em áreas próximas de aterros sanitários, está associada a uma vasta gama de patologias. As doenças cancerígenas são particularmente preocupantes, uma vez que muitos compostos presentes nos lixiviados, como os metais pesados e os compostos orgânicos voláteis, são comprovadamente cancerígenos. O benzeno, por exemplo, está associado à leucemia, enquanto o cádmio está ligado ao cancro do rim e do pulmão. Os problemas respiratórios também são comuns entre as pessoas que vivem perto de aterros sanitários, em grande parte devido à inalação de gases tóxicos como o SH2. Este gás, mesmo em concentrações relativamente baixas, pode causar irritação do trato respiratório, asma e bronquite crónica. Outros efeitos a longo prazo incluem doenças cardiovasculares, frequentemente exacerbadas pelo stress ambiental associado à poluição química.

Populações vulneráveis

Certas populações são particularmente vulneráveis aos efeitos nocivos das substâncias tóxicas presentes nos lixiviados dos aterros. As crianças, devido ao seu pequeno tamanho e desenvolvimento contínuo, absorvem proporcionalmente mais toxinas do que os adultos e são mais susceptíveis de sofrer de perturbações do desenvolvimento, asma e outras doenças crónicas. As comunidades que vivem perto de aterros sanitários estão expostas a níveis mais elevados de contaminantes, e os residentes destas áreas são frequentemente oriundos de zonas rurais, o que limita o seu acesso a cuidados de saúde adequados e aumenta a sua vulnerabilidade. Os trabalhadores dos aterros estão também na linha da frente, uma vez que estão diariamente expostos a elevadas concentrações de substâncias tóxicas, o que os torna particularmente propensos a doenças profissionais.

Comportamento dos gases em aterros sanitários

O sulfureto de hidrogénio (SH2) é um gás tóxico com uma densidade de cerca de 1,19 kg/m³ a 0°C e 1 atm. Em comparação, o dióxido de carbono (CO2) é mais denso, com uma densidade de cerca de 1,98 kg/m³, enquanto o oxigénio (O2) é ligeiramente mais leve do que o SH2, com uma densidade de 1,43 kg/m³. Esta diferença de densidade influencia a distribuição dos gases nos aterros. O SH2, sendo mais pesado do que o oxigénio mas mais leve do que o dióxido de carbono, tende a acumular-se junto ao solo em ambientes confinados ou de baixa altitude, aumentando o risco de exposição das pessoas que trabalham nessas condições.

Deteção de gases tóxicos: Foco no SH2

O sulfureto de hidrogénio (HS2) é um gás incolor, inflamável e extremamente tóxico que se pode formar nos aterros sanitários a partir da decomposição anaeróbia da matéria orgânica. Para evitar os efeitos nocivos deste gás, é essencial detectá-lo rápida e eficazmente. Os detectores de gás desempenham um papel crucial na monitorização dos níveis de SH2 no ar, particularmente em ambientes de alto risco, como os aterros sanitários. Existem vários tipos de detectores de SH2, desde dispositivos portáteis a sistemas fixos instalados em aterros sanitários. Os detectores miniatura são particularmente úteis para a monitorização pessoal contínua, permitindo aos trabalhadores reagir rapidamente em caso de fuga de gás. Estes dispositivos estão frequentemente equipados com alarmes sonoros e visuais que são acionados quando os níveis de SH2 excedem os limites de segurança estabelecidos. Os detectores de gás fixos, por sua vez, estão frequentemente ligados a sistemas de ventilação ou de alarme que podem ativar automaticamente medidas de emergência.

Medidas de segurança para os trabalhadores

A proteção dos trabalhadores nos aterros sanitários é uma prioridade, dado o elevado risco de exposição a produtos químicos e gases tóxicos como o SH2. O equipamento de proteção individual (EPI) é essencial para minimizar estes riscos. O EPI normalmente utilizado inclui:

• **Máscaras respiratórias**: As máscaras filtrantes ou de cartucho são utilizadas para proteger as vias respiratórias contra a inalação de gases tóxicos e partículas em suspensão no ar.

• **Óculos de proteção**: Estes óculos de proteção evitam irritações e lesões oculares provocadas por gases ou salpicos de produtos químicos.

• **Luvas resistentes a produtos químicos**: As luvas feitas de materiais resistentes, como o neopreno ou o nitrilo, protegem as mãos dos trabalhadores contra o contacto com substâncias corrosivas ou tóxicas.

• **Fatos de proteção**: Os fatos justos evitam o contacto direto com produtos químicos e lixiviados, reduzindo o risco de absorção cutânea de toxinas.

Para além dos EPI, a formação regular dos trabalhadores em

protocolos de segurança e primeiros socorros é essencial para garantir a sua proteção.

Técnicas de atenuação do HS2

A redução da concentração de SH2 no ambiente do aterro é essencial para proteger a saúde dos trabalhadores e das populações circundantes. Podem ser utilizadas várias técnicas de atenuação:

- **Ventilação**: A instalação de sistemas de ventilação eficientes dilui e dispersa o SH2, reduzindo a sua concentração no ar ambiente.
- **Neutralização química**: A utilização de compostos químicos, como o peróxido de sódio, pode neutralizar o SH2, transformando este gás tóxico em compostos inofensivos.
- **Sistemas de filtragem**: Os filtros de carvão ativado podem ser utilizados para absorver o SH2, impedindo a sua libertação no ar.
- **Cobertura de resíduos**: A aplicação regular de camadas de solo ou de outros materiais inertes sobre os resíduos nos aterros pode reduzir a formação de SH2, limitando a exposição do material orgânico ao ar.

CAPÍTULO 6
POLÍTICAS E REGULAMENTOS

Quadro regulamentar existente

A gestão de resíduos e a proteção da saúde pública são regidas por uma série de leis e regulamentos nacionais e internacionais destinados a minimizar os riscos associados à exposição a substâncias tóxicas, incluindo gases perigosos como o sulfureto de hidrogénio (HS2). Estas leis definem as normas para a eliminação de resíduos, a construção e a gestão de aterros, bem como as medidas de segurança a adotar para proteger os trabalhadores e as populações vizinhas. Por exemplo, a regulamentação em muitos países exige a monitorização regular das emissões de lixiviados e de gases dos aterros. Exigem também a instalação de sistemas de deteção de gases tóxicos, como o SH2, e a implementação de medidas de segurança, como a ventilação e a utilização de equipamento de proteção individual (EPI) para os trabalhadores. A nível internacional, acordos como a Convenção de Basileia regem o movimento transfronteiriço de resíduos perigosos e a sua eliminação, procurando minimizar os riscos para o ambiente e a saúde humana. Além disso, organismos como a Organização Mundial de Saúde (OMS) fornecem diretrizes para a gestão de resíduos e a prevenção dos riscos para a saúde associados à exposição a substâncias tóxicas.

Falhas e limites da regulamentação atual

Apesar da existência destes quadros regulamentares, subsistem várias lacunas e limitações que comprometem a proteção das pessoas e do ambiente. Uma das principais deficiências é a aplicação desigual das leis, muitas vezes devido a recursos limitados ou à falta de vontade política. Em muitos casos, os aterros sanitários, sobretudo nos países em desenvolvimento, não cumprem as normas mínimas de segurança, o que leva a uma maior exposição das populações a substâncias tóxicas. Outra grande limitação é a inadequação da regulamentação atual para lidar com novas ameaças ambientais, como o aumento dos resíduos electrónicos ou dos microplásticos. Estes materiais podem libertar substâncias tóxicas que não são abrangidas pela regulamentação em vigor. Além disso, as normas relativas às emissões de SH2 dos aterros sanitários baseiam-se frequentemente em dados obsoletos, não tendo em conta as novas descobertas científicas sobre a toxicidade deste gás a baixas concentrações. Há também uma falta de controlo e acompanhamento contínuos dos efeitos a longo prazo da exposição a lixiviados e gases tóxicos, o que impede a rápida identificação dos riscos para a saúde pública e o ambiente.

Sugestões de melhoria

Poderiam ser introduzidas várias melhorias nos quadros regulamentares existentes para reforçar a proteção do público contra os riscos associados aos aterros e às substâncias tóxicas:

1. **Reforçar a aplicação da lei**: É crucial melhorar a aplicação da lei, assegurando que todos os aterros, públicos ou privados, cumprem as

normas de segurança. Isto pode ser conseguido através do aumento das inspecções e de sanções mais severas em caso de incumprimento.

2. **Atualização de normas e regulamentos**: As normas relativas às emissões de gases tóxicos, como as do HS2, devem ser revistas regularmente para refletir os conhecimentos científicos mais recentes. Os regulamentos devem também incluir medidas específicas para novos tipos de resíduos, como os resíduos electrónicos e os microplásticos, que representam novos riscos ambientais.

3. **Promover a investigação e a monitorização**: Investir na investigação sobre os efeitos a longo prazo da exposição a substâncias tóxicas e melhorar os sistemas de monitorização dos lixiviados e das emissões de gases dos aterros. Estas medidas permitiriam uma identificação mais rápida dos perigos e a adoção de estratégias de prevenção mais eficazes.

4. **Sistemas de deteção e proteção melhorados**: Deve ser incentivada a utilização de tecnologias avançadas para a deteção de gases tóxicos, incluindo sistemas de monitorização em tempo real. Além disso, é essencial melhorar o acesso dos trabalhadores ao equipamento de proteção individual, especialmente nas regiões onde os recursos são limitados.

5. **Sensibilização e formação**: A sensibilização das pessoas que vivem perto de aterros para os riscos para a saúde e a formação dos trabalhadores em boas práticas de segurança devem ser intensificadas. As campanhas de informação do público e os programas de formação específicos poderão desempenhar um papel fundamental na redução dos riscos de exposição a substâncias tóxicas.

CAPÍTULO 7
ABORDAGENS DE GESTÃO SUSTENTÁVEL DOS RESÍDUOS

Técnicas avançadas de tratamento de resíduos

A gestão sustentável dos resíduos implica a adoção de técnicas avançadas para tratar e reduzir a toxicidade dos resíduos. Estão a surgir e a ser aperfeiçoadas várias tecnologias para responder a este desafio.

1. **Tratamento mecânico-biológico**: Esta abordagem combina processos mecânicos, como a triagem e a trituração de resíduos, com métodos biológicos, como a compostagem e a digestão anaeróbia. O tratamento mecânico-biológico reduz o volume de resíduos, estabiliza a matéria orgânica e produz composto ou biogás menos nocivos.

2. **Tecnologias de descontaminação**: Os processos de descontaminação, como a termólise ou a oxidação avançada, têm por objetivo decompor as substâncias tóxicas presentes nos resíduos. A termólise utiliza o calor para decompor os compostos perigosos em produtos menos nocivos, enquanto a oxidação avançada utiliza agentes oxidantes para degradar os poluentes orgânicos.

3. **Sistemas de filtragem e neutralização**: Os filtros de carvão ativado e os sistemas de tratamento químico são utilizados para capturar e neutralizar as substâncias tóxicas libertadas pelos resíduos. Estas tecnologias são particularmente úteis para o tratamento de lixiviados e gases libertados pelos aterros sanitários.

4. **Recuperação de resíduos**: As técnicas de recuperação de resíduos, como a pirólise e a gaseificação, transformam os resíduos em produtos energéticos ou materiais reutilizáveis. A pirólise decompõe os resíduos em gás, petróleo e carvão, enquanto a gaseificação converte os resíduos em gás sintético que pode ser utilizado como fonte de energia.

Soluções inovadoras para a redução de riscos

Para minimizar os riscos para a saúde pública e o ambiente, podem ser implementadas várias abordagens inovadoras:

1. **Gestão inteligente de resíduos**: A utilização de tecnologias de gestão inteligentes, como sensores para monitorizar os níveis de poluição e sistemas de gestão de resíduos baseados em dados, permite uma gestão mais eficiente dos aterros. Os dados recolhidos podem ajudar a otimizar as operações de gestão de resíduos e a identificar potenciais riscos em tempo real.

2. **Economia circular**: A abordagem da economia circular tem como objetivo reduzir os resíduos através da reutilização, reparação e reciclagem de materiais. Deste modo, reduz-se a quantidade de resíduos enviados para aterros e minimiza-se o impacto ambiental dos produtos em fim de vida. Os modelos empresariais baseados na circularidade, como a reparação de dispositivos electrónicos e a reciclagem de materiais plásticos, desempenham um papel fundamental nesta abordagem.

3. **Inovações em materiais**: O desenvolvimento de materiais alternativos, como os plásticos biodegradáveis e as embalagens ecológicas, está a ajudar a reduzir a produção de resíduos tóxicos. Estes materiais são concebidos para se decomporem mais rapidamente e têm um impacto ambiental reduzido em comparação com os materiais tradicionais.

4. **Sistemas de pré-tratamento de resíduos**: A aplicação de pré-tratamentos, como a triagem automatizada e a separação de contaminantes, reduz a toxicidade dos resíduos antes de serem depositados em aterro. Isto inclui a triagem de resíduos perigosos e a separação de materiais recicláveis, limitando assim a quantidade de substâncias nocivas no lixiviado.

O papel das políticas públicas e da sociedade civil

A gestão sustentável dos resíduos exige uma cooperação estreita entre os governos, as organizações não governamentais (ONG) e a sociedade civil. Eis como estas partes interessadas podem contribuir:

1. **Políticas públicas**: Os governos desempenham um papel crucial no estabelecimento e aplicação de regulamentos rigorosos sobre a gestão de resíduos. Podem introduzir políticas para reduzir os resíduos na fonte, incentivar a reciclagem e a reutilização e apoiar programas de gestão de resíduos. Os incentivos financeiros, como os subsídios às tecnologias de tratamento de resíduos ou os impostos sobre os resíduos não tratados, também podem encorajar práticas de gestão mais sustentáveis.

2. **Sociedade civil e ONG**: As organizações não governamentais e os grupos comunitários podem sensibilizar o público para as questões da gestão de resíduos e promover um comportamento mais responsável.

Podem também desempenhar um papel na implementação de programas de limpeza, compostagem comunitária e gestão de resíduos em pequena escala. Podem complementar os esforços do governo, criando iniciativas locais e monitorizando as práticas de gestão de resíduos.

3. **Parcerias Público-Privadas**: As parcerias público-privadas podem promover o desenvolvimento e a aplicação de tecnologias inovadoras de gestão de resíduos. Estas colaborações podem incluir investigação e desenvolvimento, a aplicação de novas tecnologias e o financiamento de projectos de gestão de resíduos.

4. **Envolvimento da comunidade**: O envolvimento das comunidades locais na gestão de resíduos, através de programas de triagem selectiva, workshops educativos e iniciativas de redução de resíduos, reforça a eficácia das políticas de gestão de resíduos e melhora a qualidade de vida dos residentes.

CONCLUSÃO

Resumo dos riscos e apelo à ação

Ao longo deste livro, explorámos em pormenor os perigos associados aos produtos químicos tóxicos, com especial destaque para o sulfureto de hidrogénio (HS2), um gás particularmente nocivo proveniente dos aterros sanitários. Vimos como o HS2, emitido durante a decomposição da matéria orgânica nos aterros sanitários, pode ter efeitos graves na saúde humana e no ambiente. A sua toxicidade aguda, em particular os seus efeitos corrosivos e respiratórios, bem como os seus efeitos crónicos, como a irritação das vias respiratórias e o aumento dos riscos para as pessoas que vivem perto dos aterros, sublinham a urgência da situação. Os lixiviados, produzidos pelos resíduos nos aterros, são também uma importante fonte de poluição, libertando substâncias tóxicas, incluindo o SH2, no solo e nas águas subterrâneas. Perante estes desafios, é imperativo que tomemos medidas concretas para reduzir os riscos associados aos resíduos e à HS2. Isto inclui o reforço da regulamentação, a adoção de tecnologias de tratamento avançadas e a implementação de medidas de segurança eficazes para os trabalhadores dos aterros. A sensibilização e o envolvimento das comunidades locais, bem como a cooperação entre os sectores público e privado, são também cruciais para resolver estas questões.

O futuro da gestão de resíduos

O futuro da gestão de resíduos está a tomar forma através da inovação e da melhoria contínua das práticas de gestão. As novas tecnologias, como os sistemas de deteção avançados para o HS2 e os métodos de tratamento inovadores, desempenharão um papel fundamental na redução da toxicidade dos resíduos e na minimização dos riscos para a saúde pública. A transição para uma economia circular, destinada a reduzir os resíduos através da reutilização e reciclagem de materiais, é também uma direção promissora. Esta abordagem não só reduz a quantidade de resíduos enviados para aterros, como também reduz a libertação de substâncias tóxicas como o HS2.

As políticas públicas terão de evoluir para incorporar estas novas realidades, com regulamentos mais rigorosos e medidas de controlo reforçadas. Um maior envolvimento da sociedade civil e das empresas na gestão dos resíduos, bem como a promoção de soluções inovadoras, serão essenciais para a construção de um futuro mais sustentável e seguro.

Em conclusão, a gestão de resíduos e, em particular, a gestão dos riscos relacionados com o sistema HS2, exige uma ação concertada e contínua. Através da conjugação de esforços e da consciencialização colectiva, podemos reduzir os impactos negativos dos resíduos no nosso ambiente e na nossa saúde, avançando simultaneamente para práticas de gestão mais sustentáveis e eficientes.

GLOSSÁRIO

- **COVs (Compostos Orgânicos Voláteis)** : Substâncias orgânicas que se vaporizam facilmente no ar e podem contribuir para a poluição atmosférica.

- **DL50 (Dose Letal 50)**: A dose de uma substância que provoca a morte de 50% dos indivíduos numa população de teste.

- **Citocromo c oxidase**: Enzima chave na cadeia respiratória mitocondrial, essencial para a produção de ATP nas células. Inibida pelo H2S, impede a produção de energia nas células.

- **Metilmercúrio**: Forma orgânica do mercúrio, altamente tóxica e capaz de se acumular nos organismos vivos, nomeadamente no sistema nervoso.

- **DDT (Diclorodifeniltricloroetano)**: Um inseticida organoclorado outrora muito utilizado, atualmente proibido em muitos países devido à sua elevada toxicidade e persistência no ambiente.

- **Hipóxia**: Condição em que o corpo ou uma região do corpo é privado de um fornecimento adequado de oxigénio.

- **ATP (Adenosina Trifosfato)** : Principal molécula de energia utilizada pelas células para realizar várias funções biológicas.

- **Acidose láctica**: Acumulação de ácido lático no organismo, frequentemente devido a uma respiração celular deficiente.

- **Homeostase**: A capacidade de um organismo de manter um estado interno estável apesar das alterações externas.

- **IDLH (Imediatamente Perigoso para a Vida ou Saúde)**: Concentração de uma substância no ar que representa um perigo imediato para a vida ou para a saúde em caso de exposição.

• **Anaeróbio**: Processo biológico que ocorre na ausência de oxigénio.

• H2S **(Sulfureto de Hidrogénio)**: Gás tóxico incolor com cheiro a ovo podre, produzido pela decomposição de matéria orgânica e por certas actividades industriais.

• **Lixiviado**: Líquido resultante da infiltração de água nos resíduos, contendo substâncias dissolvidas potencialmente tóxicas.

• **Metano (CH4)**: Gás incolor, inodoro e inflamável produzido pela decomposição de matéria orgânica num ambiente anaeróbio.

• **Eutrofização**: Processo pelo qual uma massa de água se torna rica em nutrientes, levando a um crescimento excessivo de algas e a uma redução do oxigénio disponível.

• **Aquífero**: Formação geológica que contém água subterrânea que pode ser explorada para abastecimento de água.

• **Canal do Amor**: Famoso local de contaminação em Nova Iorque, símbolo da poluição ambiental por resíduos tóxicos.

• **Superfund**: Programa de limpeza de sítios contaminados por resíduos perigosos nos Estados Unidos.

• **Sulfureto de hidrogénio (HS2)**: Um gás incolor e tóxico, frequentemente produzido pela decomposição de matéria orgânica em ambientes anaeróbios.

• **Equipamento de proteção individual (EPI)**: Um conjunto de equipamento concebido para proteger os trabalhadores contra os riscos profissionais.

• **Quadro regulamentar**: conjunto de leis e regulamentos que regem uma área específica, neste caso a gestão de resíduos e a proteção da saúde pública.

- **Convenção de Basileia**: Acordo internacional que rege o movimento transfronteiriço de resíduos perigosos e a sua eliminação.
- **Resíduos electrónicos**: Resíduos de produtos electrónicos em fim de vida, muitas vezes contendo substâncias tóxicas como o chumbo e o mercúrio.
- **Economia circular**: Modelo económico que visa maximizar a reutilização e a reciclagem de materiais ao longo do ciclo de vida dos produtos, reduzindo assim os resíduos.
- **Filtração por carvão ativado**: Tecnologia de purificação utilizada para capturar substâncias tóxicas e impurezas de gases ou líquidos.
- **Gaseificação**: Processo de conversão de resíduos em gás de síntese por reação térmica com um agente gasoso.
- **Pirólise**: Decomposição térmica de resíduos na ausência de oxigénio, produzindo gases, óleo e carvão.

REFERÊNCIAS

• Agência para o Registo de Substâncias Tóxicas e Doenças (ATSDR). (2019). Perfil toxicológico do chumbo. Departamento de Saúde e Serviços Humanos dos EUA.

• Klaassen, C. D. (Ed.). (2013). Toxicologia de Casarett e Doull: A ciência básica dos venenos (8ª ed.). McGraw-Hill Education.

• Lide, D. R. (2009). CRC Handbook of Chemistry and Physics (90ª ed.). CRC Press.

• Snyder, R. (Ed.). (2014). Toxicidade e Metabolismo de Solventes Industriais de Ethel Browning (2ª ed.). Elsevier.

• OMS (Organização Mundial de Saúde). (2020). Efeitos dos metais pesados na saúde. Obtido em https://www.who.int/news-room/fact-sheets/detail/heavy- metals

• Beauchamp, R. O., Bus, J. S., Popp, J. A., Boreiko, C. J., & Andjelkovich,D. A. (1984). A critical review of the literature on hydrogen sulfide toxicity (Uma revisão crítica da literatura sobre a toxicidade do sulfureto de hidrogénio). Critical Reviews in Toxicology, 13(1), 25-97.

• Instituto Nacional de Segurança e Saúde no Trabalho (NIOSH). (2022). Sulfureto de hidrogénio: Informação sobre segurança química. Departamento de Saúde e Serviços Humanos dos EUA. Recuperado de https://www.cdc.gov/niosh/npg/npgd0337.html

• Reiffenstein, R. J., Hulbert, W. C., & Roth, S. H. (1992). Toxicologia do sulfureto de hidrogénio. Revisão Anual de Farmacologia e Toxicologia, 32(1), 109-134.

• Snyder, R. (Ed.). (2014). Toxicidade e Metabolismo de Solventes Industriais de Ethel Browning (2ª ed.). Elsevier.

• Organização Mundial de Saúde (OMS). (2003). Hydrogen sulphide: Human health aspects (Sulfureto de hidrogénio: aspectos da saúde humana). Imprensa da OMS.

• Guidotti, T. L. (1996). Sulfureto de hidrogénio. Medicina do Trabalho, 46(5), 367-371.

• Guengerich, F. P. (2007). Mechanisms of metal-induced carcinogenesis (Mecanismos de carcinogénese induzida por metais). Biological Trace Element Research, 119(1), 50-64.

• Williams, A. L., & Jones, J. L. (1998). Environmental contamination from industrial sources: The role of government regulation. Environmental Management, 22(3), 451-460.

• Alloway, B. J., & Ayres, D. C. (1997). Chemical Principles of Environmental Pollution. Chapman & Hall.

• Christensen, T. H., Kjeldsen, P., Bjerg, P. L., Jensen, D. L., Christensen, J. B., Baun, A., ... & Heron, G. (2001). Biogeoquímica de plumas de lixiviados de aterros sanitários. Applied Geochemistry, 16(7-8), 659-718.

• Associação de Proprietários do Canal do Amor. (1981). A tragédia do Canal do Amor. Agência de Proteção Ambiental.

• Wicks, C. M., & Troch, P. A. (2001). Hydrogeology of contaminant plumes in granular aquifers (Hidrogeologia de plumas contaminantes em aquíferos granulares). Hydrogeology Journal, 9(5), 508-520.

• ATSDR. (2006). Perfil Toxicológico do Sulfureto de Hidrogénio. Agência para o Registo de Substâncias Tóxicas e Doenças.

• Jacobson, M. Z. (2005). Fundamentos da Modelação Atmosférica Atmosférica. Cambridge University Press.

• NIOSH. (2005). Sulfureto de hidrogénio (Publicação NIOSH n.º 2005-149). Instituto Nacional de Segurança e Saúde Ocupacional.

• Zey, J. N. (2001). Sulfureto de Hidrogénio: Occupational Hazards and Safety. Jornal de Saúde Ocupacional, 43(5), 309-317.

• Agência Francesa de Gestão do Ambiente e da Energia (ADEME). (2017). Gestão de resíduos: Quadro regulamentar e aplicações. Paris: ADEME.

• Convenção de Basileia (1989). Convenção de Basileia sobre o Controlo dos Movimentos Transfronteiriços de Resíduos Perigosos e sua Eliminação. Nações Unidas.

• Organização Mundial de Saúde (OMS). (2004). Diretrizes para a qualidade da água potável. Genebra: Imprensa da OMS.

• Wilson, D. C., Velis, C., & Cheeseman, C. (2006). Role of informal sector recycling in waste management in developing countries (Papel da reciclagem do sector informal na gestão de resíduos nos países em desenvolvimento). Habitat International, 30(4), 797-808.

• Bove, A., & Balestrieri, L. (2017). Tecnologias avançadas de tratamento de resíduos. Springer.

• Fundação Ellen MacArthur. (2013). Towards the Circular Economy: Justificação económica e empresarial para uma transição acelerada. Fundação Ellen MacArthur.

• Kinnunen, P., & Suh, S. (2018). Técnicas e Tecnologias para Gestão e Reciclagem de Resíduos. CRC Press.

• Zhang, X., & Xu, W. (2020). Materiais inovadores para a gestão de resíduos. Elsevier.

- Agência para o Registo de Substâncias Tóxicas e Doenças (ATSDR). (2019). Perfil Toxicológico do Sulfureto de Hidrogénio. Departamento de Saúde e Serviços Humanos dos EUA.

yes
I want morebooks!

Buy your books fast and straightforward online - at one of world's fastest growing online book stores! Environmentally sound due to Print-on-Demand technologies.

Buy your books online at
www.morebooks.shop

Compre os seus livros mais rápido e diretamente na internet, em uma das livrarias on-line com o maior crescimento no mundo! Produção que protege o meio ambiente através das tecnologias de impressão sob demanda.

Compre os seus livros on-line em
www.morebooks.shop